AF495083

HERBIER

DES DEMOISELLES,

A L'USAGE

DES MEILLEURS PENSIONNATS DE PARIS ET DE LA PROVINCE;

DÉDIÉ

A L'INSTITUTION ROYALE DES DEMOISELLES
DE LA LÉGION-D'HONNEUR.

Par M. Boitard,

Membre de plusieurs Sociétés savantes nationales et étrangères; Auteur de la Botanique des Dames, du Manuel de Botanique, de la Physiologie Végétale appliquée à l'Agriculture, etc., etc.

PARIS.

Mme LENEVEUX, ÉDITEUR,
RUE DU CIMETIÈRE-SAINT-ANDRÉ-DES-ARTS, N° 18.

BELIN, LIBRAIRE,
QUAI DES AUGUSTINS, N° 17.

1832.

AVIS DE L'ÉDITEUR.

Le goût des fleurs se répand tous les jours davantage et devient de plus en plus à la mode; on recherche ces êtres charmans pour étudier l'aimable science qui nous apprend à connaître leurs noms, leurs habitudes souvent fort singulières, les phénomènes étranges que plusieurs présentent dans leur sommeil, leurs mouvemens, leur irritabilité: on les recherche pour servir de modèles à l'art du dessinateur et du peintre, à la broderie en soie, etc. On en compose des bouquets allégoriques dont le langage mystérieux était compris dans l'Orient dès la plus haute antiquité. Enfin nos dames font émailler des fleurs sur leurs plus riches parures, et les hommes les plus distingués ne dédaignent pas de les cultiver de leurs propres mains.

La botanique est presque la seule science qui, chez les femmes, ne donne aucune prise au ridicule, comme la peinture des fleurs et du paysage est la seule partie de cet art qu'une demoiselle puisse étudier sans inconvénient. Et cependant, jusqu'à ce jour, il n'existait aucun ouvrage de botanique, aucune flore, spécialement consacrés à l'éducation des jeunes personnes.

Si par hasard une demoiselle se livrait à l'étude de la botanique en s'aidant des ouvrages élémentaires qui ont paru sur ce sujet, qu'arrivait-il? qu'après avoir sacrifié beaucoup de temps pour apprendre les premiers élémens de cette science, elle était forcée de renoncer à l'espoir de pouvoir jamais faire l'application de ces principes assez arides qui lui avaient coûté tant de peine à étudier. En effet, il n'est pas possible à une femme d'aller herboriser dans la campagne et dans ces lieux sauvages où la nature aime à cacher ses trésors les plus précieux; il ne lui reste pas même la possibilité d'étudier les fleurs cultivées dans les jardins, car nous ne connaissons pas d'ouvrage qui en traite spécialement, et leur description, leur intéressante histoire (quand cette dernière a été faite, ce qui est extrêmement rare), sont perdues dans des flores générales, à travers trente ou quarante mille arides descriptions, pour ainsi dire géométriques, ne parlant nullement aux yeux et fort peu à l'esprit, et décourageant même assez souvent le botaniste laborieux qui s'est entièrement voué à l'étude.

Le manque d'une flore à figures, contenant la description et l'histoire des fleurs les plus belles pouvant se rencontrer dans les jardins, était donc une lacune importante, et c'est pour la remplir que nous avons entrepris de publier cet Herbier. Toutes les fleurs en ont été dessinées avec la plus rigoureuse exactitude dans leurs formes et leurs couleurs, afin qu'elles puissent être utiles, non-seulement aux jeunes personnes qui apprennent la botanique, mais encore à celles qui dessinent et brodent en soie. Dans le texte, qui est rédigé avec toute la circonspection et toutes les convenances qu'exigent nos jeunes lectrices, nous donnons, outre la description et les noms vulgaires et scientifiques des plantes, leur histoire, les anecdotes qui s'y rapportent, et le langage allégorique attribué à quelques unes par les auteurs qui ont écrit sur ce sujet.

Nous n'avons pas mis de pagination au texte ni de numéros d'ordre aux planches, afin de laisser à chaque personne la faculté de pouvoir classer les plantes selon le système qu'elle préfère, soit celui de Linnée, soit celui de Jussieu ou de Tournefort.

En nous autorisant à lui dédier notre Herbier, l'Institution royale des demoiselles de la Légion-d'Honneur l'a recommandé de la manière la plus favorable aux jeunes personnes, aux chefs de familles, et aux directrices des meilleurs pensionnats.

PARIS. — IMPRIMERIE DE RIGNOUX, RUE DES FRANCS-BOURGEOIS-S.-MICHEL, N° 8.

NÉRION LAURIER-ROSE,

VAR. A FLEURS ROUGES.

(*Nerium oleander*, var. *atropurpureum*. De la Pentandrie-Monogynie, de Linnée, et de la famille des Apocynées, de Jussieu.)

Le laurier-rose est un arbrisseau originaire du midi de l'Europe. Ses tiges forment des touffes arrondies, de trois à quatre pieds; ses feuilles, verticillées trois par trois, sont érigées, raides, d'un vert assez agréable. Ses fleurs, ordinairement roses, rouges dans la variété que nous avons figurée, doubles dans d'autres, ou blanches, grandes et odorantes, sont composées d'un calice petit, à cinq parties, persistant; d'une corolle tubuleuse en forme d'entonnoir, ayant une couronne laciniée à la gorge; ses graines sont renfermées dans des follicules connivens, longuement acuminés.

Sous des dehors agréables le nérion cache un poison dangereux; aussi dans le langage des fleurs lui fait-on dire : « Méfiance est mère de sûreté. » On raconte qu'en Provence, des soldats campés dans un bosquet de lauriers-roses coupèrent une de leurs tiges pour en faire une broche à rôtir. Elle communiqua ses funestes qualités aux viandes qui y furent attachées, et douze de ces malheureux périrent victimes de leur imprudence.

La variété dont il est ici question est tout-à-fait nouvelle, et ne se cultive encore que dans le jardin royal de Neuilly, où nous l'avons dessinée. On l'abrite des rigueurs de l'hiver en orangerie; on l'arrose beaucoup pendant l'été, et on la multiplie de marcottes et de boutures; du reste elle n'exige aucuns autres soins particuliers.

NÉRION LAURIER ROSE; Var.

FRAISIER DE L'INDE.

(*Fragaria indica.* De l'Icosandrie-Polygynie, de Linnée, et de la famille des Rosacées, de Jussieu.)

La fraise de l'Inde se fait remarquer par sa beauté et par l'élégance de sa parure. Cette plante vivace, extrêmement traçante, diffère de tous les autres fraisiers par ses fleurs d'un beau jaune. Son calice est composé de dix divisions, dont cinq, foliacées et très grandes, forment une fort jolie collerette autour de la corolle; celle-ci a cinq pétales. Le fruit est très gros, d'un rouge superbe et luisant. Il semble avoir été modelé par un malicieux génie pour nous induire en tentation, car il est bien difficile de le regarder sans avoir envie de le cueillir; mais dès qu'on y a touché on reconnaît que tout son mérite consiste à plaire aux yeux; on le trouve sans qualité, sans parfum, et d'un goût insipide.

C'est sans doute pour cette raison que l'auteur du charmant ouvrage intitulé *Les Fleurs emblématiques* lui donne pour signification : « Ne jugez pas sur l'apparence. » Le fraisier de l'Inde, bientôt apprécié à sa juste valeur, a été relégué parmi les fleurs de nos bosquets, où cependant il se fait encore remarquer au milieu des primevères, des pensées, et de tant d'autres belles inutiles.

Il y a environ dix à douze ans qu'on l'a cultivé pour la première fois en France. Quoique originaire de l'Inde, il se plaît très bien dans la pleine-terre ombragée, où il brave nos hivers les plus rigoureux. Il se multiplie tellement par ses filets qu'il en devient importun.

FRAISE DE L'INDE.

PETITE PERVENCHE.

(*Vinca minor*. De la Pentandrie-Monogynie, de Linnée, et de la famille des Apocynées, de Jussieu.)

Cette charmante plante vivace et sous-ligneuse est indigène. On la rencontre dans les bois et les haies que ses tiges grêles et rampantes et ses feuilles d'un vert assez brillant parent en hiver d'une agréable verdure. Elle diffère de la grande pervenche par ses dimensions plus petites et par ses feuilles ovales lancéolées, jamais cordiformes, ni ciliées sur les bords. On en possède plusieurs variétés à fleurs doubles ou simples, pourpres, bleues, violâtres, blanches et précoces, rouges et à feuilles panachées en jaune ou en blanc. La corolle, en forme de soucoupe, a la gorge pentagone. Ses graines, nues et oblongues, sont renfermées dans deux follicules droits, cylindriques et étroits.

Dans son langage allégorique cette plante exprime : « Je conserve un doux souvenir. » Les souvenirs de la jeunesse ne s'effacent jamais : heureux les êtres vertueux auxquels ils ne retracent que des plaisirs innocens!

Dans nos jardins la petite pervenche croît en pleine-terre et à l'ombre; on la multiplie aisément par ses traces.

PETITE PERVENCHE.

ZINNIA ÉLÉGANT,

VAR. A FLEURS ROUGES.

(*Zinnia elegans*. De la Syngénésie-Polygamie-Superflue, de Linnée, et de la famille des Radiées, de Jussieu.)

Cette plante annuelle est originaire du Mexique. Ses tiges sont hautes de deux à trois pieds; ses feuilles, ovales, nervées, échancrées en cœur à la base, crénelées, d'un beau vert. Ses fleurs, grandes, ordinairement roses, d'un rouge foncé et brillant dans la variété que nous avons figurée, paraissent de juillet en novembre. Le calice commun ou involucre est ovale, cylindrique, composé de folioles imbriquées; les rayons qui, dans la fleur sauvage, ne sont qu'au nombre de cinq, se sont multipliés par la culture, et sont entiers et persistans. Le receptacle est paléacé; le disque, conique, est d'un pourpre obscur; enfin l'aigrette des graines se compose de deux arêtes droites.

Il est singulier que la nature ait fait naître les plus belles plantes radiées dans les contrées où les habitans adoraient le soleil, avec lequel on a cru leur trouver des analogies de forme et même de couleurs. Les fleurs à rayons plus ou moins rouges ou jaunes de l'hélianthe ou soleil, de l'œillet d'Inde, des dahlia, de la cinéraire jaune, des cosmos, zinnia, et autres, retraçaient à l'esprit crédule des Incas la brillante image du dieu qu'ils adoraient comme père de la nature. Les jeunes vierges consacrées à son culte s'en formaient des couronnes les jours de fête, et en tressaient des guirlandes dont elles paraient ses autels.

La variété que nous avons figurée ici est absolument nouvelle et n'est encore cultivée que dans les jardins du roi, à Neuilly. Comme tous les autres zinnia, on la sème chaque année au printemps, sur couche chaude, et on la repique en place dans une terre légère, substantielle, et à l'exposition du midi.

ZINNIA ÉLÉGANT; Var.

SAFRANS PRINTANIER, ET DE MÉSIE.

(*Crocus vernus, et crocus Mœsiacus.* De la Triandrie-Monogynie, de Linnée, et de la famille des Iridées, de Jussieu.)

Quelques botanistes ont fait deux espèces de Safran printanier, dont les fleurs sont ordinairement plus ou moins violacées ou pourprées, et de celui de Mésie, dont la corolle est constamment jaune. Nous ne croyons pas devoir adopter l'établissement de semblables coupes, dont le résultat serait de porter arbitrairement les espèces à un nombre considérable; car si on envisage les couleurs comme un caractère suffisant, les Hollandais, qui cultivent beaucoup cette charmante plante, en auraient obtenu par le semis plus de cinquante espèces.

L'auteur des *Fleurs emblématiques* donne pour signification à cette jolie plante le mot « n'abusez pas »; mais il en fait l'application seulement au Safran des boutiques, qui ne fleurit qu'en automne, tandis que les deux que nous avons figurés épanouissent leurs jolies corolles dès les premiers beaux jours du printemps.

Les caractères génériques des Crocus sont très faciles à saisir. Avant leur épanouissement les fleurs sont enveloppées dans une spathe à une seule valve, ordinairement posée sur l'ognon; la corolle est en forme d'entonnoir, portée sur un tube grêle; les stigmates sont profondément incisés, en crête.

Le Safran printanier est originaire des Alpes. Il se distingue des autres espèces par ses feuilles plus courtes, et par ses stigmates moins grands et non odorants. On le cultive en pleine terre, et il réussit partout.

SAFRANS, PRINTANIER & DE MÉSIE.

COMBRÈTE POURPRE.

(*Combretum purpureum*. De l'Octandrie-Monogynie de Linnée, et de la famille des Onagres, de Jussieu.)

Cet arbrisseau charmant est originaire de Madagascar, où il porte le nom vulgaire d'*Aigrette;* aussi ne le cultive-t-on en France qu'en serre chaude, où il s'élève de deux à trois pieds. Ses feuilles sont lancéolées, étroites, pointues, alternes mais rapprochées deux à deux de manière à paraître opposées, au premier coup d'œil, surtout près des fleurs. Les rameaux sont grêles, et se terminent par de charmantes fleurs rouges, petites, en épis rameux et feuillés.

Le calice, placé sur l'ovaire, est campanulé et à cinq dents; la corolle a cinq divisions insérées au calice; les étamines sont très longues; le fruit consiste en une capsule à une loge, renfermant une graine oblongue.

Pour la première fois, en France, ce joli arbuste à fleuri en 1830, au Jardin des Plantes, dans les serres chaudes confiées aux soins intelligens de M. Neumann. On le cultive en terre légère ou de bruyère, et on le multiplie de marcottes ou de boutures.

COMBRETE POURPRE

CAMELLIA PYRAMIDAL.

(*Camellia japonica*, var. *pyramidalis*. De la Monadelphie-Polyandrie, de Linnée, et de la famille des Orangers, de Jussieu.)

Le Camellia, originaire de la Chine et du Japon, est aujourd'hui le plus joli des arbrisseaux cultivés dans nos serres, où il atteint assez ordinairement de dix à douze pieds de hauteur. Ses feuilles nombreuses, grandes, ovales, d'un vert superbe et luisant, persistent toute l'année. Depuis janvier jusqu'en mai, il se couvre de grandes fleurs ressemblant un peu à des roses, et leur disputant l'éclat et la fraîcheur. Leurs pétales sont grands, un peu charnus; le calice est imbriqué, à plusieurs folioles, dont les intérieures plus grandes. Les étamines sont nombreuses, et réunies à la base par leurs filets.

La variété que nous avons figurée a été obtenue par M. Noisette, et a fleuri pour la première fois en 1831. Elle diffère des autres espèces par ses fleurs doubles, assez grandes, d'un carmin pur et très brillant; ses pétales, assez nombreux, larges, arrondis au sommet, forment un peu la coquille; ceux de l'intérieur sont légèrement chiffonnés; à l'extérieur il en existe toujours un ou deux panachés de blanc. Le port de cet arbrisseau est pyramidal, fort élégant. Ses feuilles sont légèrement dentées en scie, assez grandes, ovales, arrondies, acuminées au sommet. On le cultive en serre tempérée comme l'oranger.

CAMELLIA PYRAMIDAL.

NÉRION ÉCARLATE.

(*Nerium coccineum.* De la Pentandrie-Monogynie, de Linnée, et de la famille des Apocynées, de Jussieu.)

Cette espèce très remarquable est originaire de l'Inde, d'où elle a été rapportée, en 1824, par M. Neumann, chef des serres chaudes du Jardin royal des Plantes. Elle se distingue du Nérion laurier-rose par ses feuilles assez larges, ovales, acuminées, souvent alternes, quelquefois opposées, jamais ternées, à nervures secondaires non parallèles. Ses fleurs sont d'un rouge foncé et velouté; ses pétales sont plus allongés, roulés en dessous à leur extrémité; la couronne est largement crénelée et non laciniée.

Ce magnifique arbrisseau, très intéressant pour les botanistes, a fleuri, pour la première fois en France, en 1830, dans les serres chaudes du Jardin des Plantes, où il reçoit les mêmes soins que le laurier-rose ordinaire, à cette différence près qu'il lui faut beaucoup plus de chaleur. Il paraît qu'il fleurit très difficilement.

NÉRION ÉCARLATE.

TIGRIDIE A FLEURS EN CONQUE.

(*Tigridia conchiflora*, ou *Herbertia tigridia*. De la Triandrie-Monogynie, de Linnée, et de la famille des Iridées, de Jussieu.)

On a fait de cette plante magnifique, sous le nom d'Herbertie, non-seulement une nouvelle espèce, mais encore un nouveau genre. Nous ne croyons pas ce dernier fondé sur des caractères assez certains pour l'adopter ici; peut-être même cette plante n'est-elle qu'une variété de la Tigridie queue-de-paon, *ferraria pavonia* de Linnée. Ses feuilles sont longues, ensiformes ou en forme d'épée, très plissées, pointues. Les tiges s'élèvent à dix-huit pouces ou deux pieds; elles se terminent, de juillet en août, par deux ou trois fleurs ne durant que quelques heures, mais d'une beauté très remarquable. Avant l'épanouissement, elles sont enveloppées d'une spathe à deux valves. La corolle est creusée en coupe, composée de six pétales, dont les trois intérieurs petits, hastés, d'un jaune vif, tigrés de rouge brun; les inférieurs sont lancéolés, jaunes, ondulés de jaune foncé et d'oranger; leur base est également tigrée. Les filamens des étamines sont connés. Le pistil se termine par trois stigmates, dont l'extrémité bifide vient saisir les anthères. La graine est renfermée dans une capsule oblongue et angulée.

Probablement cette plante bulbeuse, introduite en France par M. Jacquin, depuis 1830, pourra se cultiver en pleine terre comme l'ancienne Tigridie; néanmoins on n'a pas encore osé l'y risquer, et jusqu'à présent on la cultive en orangerie.

TIGRIDIE A FLEUR EN CONQUE

CALANDRINE A GRANDES FLEURS.

(*Calandrina grandiflora.* De la Polyandrie-Monogynie, de Linnée, et de la famille des Portulacées, de Jussieu.)

Il y a trois ans que cette plante, originaire du Chili, a fleuri, pour la première fois en France, dans les serres chaudes du Jardin des Plantes. Une souche basse et charnue émet quelques rameaux assez courts et d'un rouge pourpre; ils sont munis de feuilles éparses, rapprochées, sessiles., linguiformes, un peu spatulées, épaisses, charnues, d'un vert très glauque. Hampe simple ou peu ramifiée, terminée par un épi simple de belles fleurs d'un rose violacé. Pédicelles courbés vers la terre avant l'épanouissement, se redressant ensuite. Folioles calicinales piquetées de noir; corolle large de près de deux pouces, à cinq pétales un peu plissés et sinués sur les bords; étamines nombreuses; un style terminé par trois stigmates arrondis, formant une espèce de tête triangulaire.

Par la beauté de ses fleurs, cette plante mérite tous les soins des amateurs, chez lesquels elle se répandra sans doute; on la cultive sur les tablettes de la serre chaude, de la même manière que les autres plantes grasses; c'est-à-dire qu'on lui donne peu d'arrosemens, et qu'on évite autant que possible l'humidité qui la ferait pourrir. Du reste on la multiplie assez aisément de bouture.

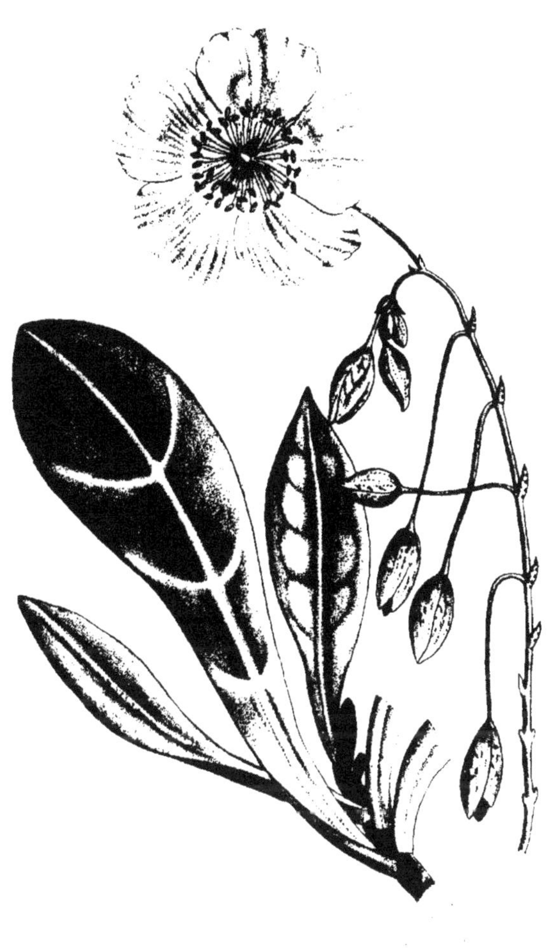

CALANDRINE A GRANDES FLEURS.

PASSIFLORE DU BRÉSIL.

(*Passiflora brasiliana.* De la Monadelphie-Pentandrie, de Linnée, et de la famille des Passiflores, de Jussieu.)

Dans les forêts de l'Amérique méridionale, rien n'est joli comme de voir cette plante enlacer de ses tiges grimpantes les branches des autres arbres, et laisser pendre, à travers leurs rameaux, ses longues grappes de fleurs roses. On distingue cette espèce de la passiflore ailée, aux glandes qui existent sur le pétiole des feuilles; dans celle-ci elles sont jaunes, et blanches dans les autres espèces. Les folioles de son calice sont d'un carmin assez vif à l'intérieur, verdâtre à l'extérieur; les pétales sont roses, au nombre de cinq, insérés sur le calice; la couronne est composée de filamens longs, pointus, interrompus par des taches alternatives blanches et violettes. Le fruit est pédicellé, et affecte la forme d'un petit melon. La tige est quadrangulaire, longue et grêle; les feuilles sont entières, ovales, cordiformes, très finement dentées, d'un vert glabre et luisant.

On a cru reconnaître, dans la forme bizarre de cette fleur, quelques rapports avec les instrumens de la Passion, d'où lui est venu son nom. On la cultive en serre chaude, avec les mêmes soins que ceux donnés aux autres espèces. Elle a fleuri, pour la première fois en France, en 1830, dans les jardins du roi, à Neuilly.

PASSIFLORE DU BRÉSIL.

CRINOLE HYBRIDE.

(*Crinum hybridum*. De l'Hexandrie-Monogynie, de Linnée, et de la famille des Narcisses, de Jussieu.)

Cette belle plante est originaire des jardins particuliers du roi, à Neuilly, où M. Jacques l'a obtenue, il y a trois ou quatre ans, par la fécondation artificielle d'un Crinole et d'une amaryllis. Ses feuilles, imbriquées, d'un vert jaunâtre, sont longues, ensiformes, assez larges, ondulées sur les bords, un peu pliées en gouttière. De leur centre s'élève une hampe d'un rouge foncé. Spathe bifide, ayant de chaque côté de l'ouverture une lanière longue et filiforme. Fleurs blanches, odorantes, à tube extrêmement long. Pétales étroits, très longs, ondulés, réfléchis, un peu révolutés au sommet qui est pointu et verdâtre. Étamines très longues, à filamens pourpres; anthères en forme de croissant, d'un rouge oranger très vif. Pistil filiforme, terminé par un stigmate petit et arrondi. Cette nouvelle et charmante variété se cultive en serre comme les autres amaryllis.

CRINOLE HYBRIDE.

www.ingramcontent.com/pod-product-compliance
Ingram Content Group UK Ltd.
Pitfield, Milton Keynes, MK11 3LW, UK
UKHW022139170726
13837UKWH00004B/1659

9 782329 389356